Jose Luis Ortega Palacios

Inovação em casas inteligentes

Jose Luis Ortega Palacios

Inovação em casas inteligentes

Um estudo sobre a domótica que oferece segurança e facilidade de utilização.

ScienciaScripts

Imprint
Any brand names and product names mentioned in this book are subject to trademark, brand or patent protection and are trademarks or registered trademarks of their respective holders. The use of brand names, product names, common names, trade names, product descriptions etc. even without a particular marking in this work is in no way to be construed to mean that such names may be regarded as unrestricted in respect of trademark and brand protection legislation and could thus be used by anyone.

Cover image: www.ingimage.com

This book is a translation from the original published under ISBN 978-613-8-98340-8.

Publisher:
Sciencia Scripts
is a trademark of
Dodo Books Indian Ocean Ltd. and OmniScriptum S.R.L publishing group

120 High Road, East Finchley, London, N2 9ED, United Kingdom
Str. Armeneasca 28/1, office 1, Chisinau MD-2012, Republic of Moldova, Europe
Printed at: see last page
ISBN: 978-620-7-74361-2

ÍNDICE DE CONTEÚDOS

Resumo

Esta investigação foi realizada com o objetivo de determinar a forma como um utilizador pode evitar uma emergência em que um sistema de domótica falhe e prolongue uma situação em que deva ser atendido, aqui estão para que os tecnólogos prestem os seus bons serviços e dêem manutenção diária para evitar qualquer emergência. É por isso que se relaciona a automação e o controlo inteligente com a habitação que permite um funcionamento muito confortável, bem como uma boa poupança de energia eléctrica e uma boa comunicação entre o utilizador e o sistema, a domótica permite dar conhecimento de muitos dispositivos electrónicos, como os sensores que recolhem a informação que é capaz de captar, Permite dar respostas às exigências destas mudanças sociais em qualquer projeto de casa ou de qualquer edifício pode dar um bom conforto para o utilizador que nos ajuda de muitas maneiras no que diz respeito à iluminação, estores, água, etc.

Palavras-chave: Domótica, automação, edifício, dispositivos electrónicos, energia.

Resumo

A domótica é conhecida pelos sistemas que são capazes de automatizar uma habitação ou um edifício demasiado grande, que implementa muitos circuitos que fornecem serviços de energia, seguros e muito fiáveis no que diz respeito à comunicação, que são integrados nos interiores e exteriores de um edifício, podendo ser com ou sem fios. O objetivo da investigação é determinar como um utilizador pode evitar qualquer emergência em que o sistema do edifício falhe e se prolongue uma situação em que tenha de ser assistido, aqui estão os tecnólogos para prestar bons serviços e dar manutenção diária para evitar qualquer emergência.É por isso que está relacionado entre automação e controle inteligente de habitação que permite uma função muito confortável, bem como uma boa economia de energia e uma boa comunicação entre o usuário eo sistema, domótica permite dar conhecimento de muitos dispositivos eletrônicos como é os sensores que recolhe informações que é capaz de capturar, processá-lo e, em seguida, emitir uma ordem para o que são atuadores ou saídas, permite responder às exigências colocadas por estas mudanças sociais em qualquer projeto de casa ou qualquer edifício pode ser dar um bom conforto para o usuário que nos ajuda de muitas maneiras no que é iluminação, persianas, água etc.

Palavras-chave: Casa, automatização, automatizar, edifício, dispositivos electrónicos, energia.

Introdução

O objetivo do projeto é "A proteção do utilizador na domótica e as facilidades que esta nos oferece", que faz parte de um sistema de automação em casas e edifícios inteligentes, que teve início no Equador em 2008, A ideia principal não é tornarmo-nos consumidores, mas sim fabricantes de equipamento de domótica, porque o conhecimento é o mesmo e, como equatorianos, temos muito potencial no desenvolvimento de equipamento tecnológico (Bolton, 2008).

Embora os seres humanos ainda não conheçam muito bem as propriedades oferecidas pela domótica, é uma realidade que, num futuro não muito distante, ela será instalada em todas as casas. Mas o que é a domótica? É um conjunto de tecnologias aplicadas numa casa de forma a torná-la uma casa inteligente, poupando energia, bem como tendo uma boa segurança e um conforto muito bom (Millan, 2016).

A palavra Domótica vem da união das palavras domus (latim para casa) e tica (de automático), a palavra grega para "trabalhar por si próprio".

A domótica não tem nada a ver com o conforto, também abrange muitas coisas em diferentes tipos de áreas e também se baseia no fundamento de uma boa poupança de energia e, claro, a proteção do utilizador no seu bem-estar, no seu bom cuidado de uma casa automatizada que o utilizador pode ficar tranquilo (Morales, 2012).

A domótica tem sido um bom fator no campo tecnológico com o avanço das redes e das telecomunicações que nos permite navegar e falar de integração ao nível desta rede IP (Internet Protocol) é muito importante a parte eletrónica para a domótica e edifícios inteligentes que agora neste momento e no futuro nos tem facilitado de muitas formas ao proporcionar-nos uma boa segurança, poupança de eletricidade, e múltiplos serviços graças à domótica permite-nos inovar em diferentes áreas tecnológicas. (Gil Moreno, 2017).

A domótica baseia-se num conjunto de técnicas orientadas para a automatização de uma casa ou de um edifício que se integra em muita tecnologia no bem-estar do utilizador oferecendo uma boa proteção e nas comunicações com ou sem fios para melhorar e ter um bom conforto entre o utilizador e a casa oferecendo novos serviços através de um sistema de controlo (Quintero, 1999).

Os principais serviços da domótica são:

Segurança: Protege o utilizador de várias formas em termos de sensores de fumo em caso de incêndio, alarmes pessoais em utilizações domésticas como o gás, a água e o congelador, o que nos ajuda a visualizar a quantidade que cada objeto contém, bem como um alarme que pode ser ativado devido a uma falta de energia eléctrica.

Poupança de energia: Gere de forma inteligente a poupança de energia em diferentes áreas de uma casa em aparelhos como televisores, aparelhos de ar condicionado, água quente, irrigação, etc.

Comunicações: Através de um bom controlo remoto e supervisão da casa, podemos fazê-lo através de um telemóvel ou de um computador com acesso à Internet. A instalação domótica permite a comunicação de diferentes formas como a voz, incluindo também texto, imagens e até sons com redes locais como é conhecida esta rede local (LAN).

Conforto: Tornar a casa mais confortável para o utilizador através da realização de diferentes actividades domésticas, tais como: abrir, fechar, ligar, desligar, iluminação, ar condicionado, estores, eletricidade, água, gás, etc. (Laserna, 2014).

As casas evoluíram de várias funções ao longo das décadas, tanto na área social como na tecnológica, nos anos 80 quando as instalações começaram a utilizar sistemas integrados para depois se desenvolverem como utilizações domésticas em casas urbanas e assim este projeto foi implementado em todo o mundo, baseado na inovação da tecnologia que tinha o utilizador de uma forma muito viável. (Rybczynski, 2008).

É evidente que estamos a viver no fim dos tempos, mudanças sociais significativas promovidas pelas novas tecnologias, estas mudanças não são apenas notadas na esfera social e pública, mas também na esfera privada, é o impacto das "modernas tecnologias de transmissão e comunicação remota" que se caracteriza pelo uso da integração tecnológica através do telefone ou de um PC. (Echeverria, 2016).

A atmosfera de uma casa domótica faz com que o utilizador se sinta satisfeito, o que é conhecido como um "ambiente tecnológico" que proporciona espaços com ar fresco em casa, no carro, no escritório, etc. É claro que uma casa domótica é feita para um bom conforto, no qual a pessoa se sente mais confortável, o bom ambiente faz com que a pessoa tenha um bom conforto (Eneo, 2013).

Muitos são os serviços que podem lhe oferecer em muitos lugares onde se faz essas implementações de serviços eletrônicos mas são poucos que sabem o bom desempenho e o bom conforto que é ter uma casa altamente tecnológica e que possa lhe dar o melhor para o usuário que está em um bom ambiente e saber aplicar isso como um cotidiano. (SAKKAS, 2018).

O avanço das novas tecnologias da informação e da comunicação (TIC) tornou-se uma tendência em todos os domínios da vida e, recentemente, tem-se falado muito de edifícios inteligentes, áreas inteligentes, cidades inteligentes e muitas oportunidades de negócio. É evidente que o desenvolvimento de novas tecnologias está inter-relacionado (Clara, 2005).

O mundo mudou muito com o avanço tecnológico que nos fez ver o nosso entorno de uma forma virtual em que focamos em cada lugar onde estamos há tecnologia e claro as casas inteligentes que evoluíram muito em países europeus como na América Latina e dá para ver o quanto a tecnologia avançou e vai avançar. (ALTROCK, 2017).

Um conjunto de sistemas encarrega-se de regular e gerir adequadamente os elementos electrónicos e os electrodomésticos incorporados numa casa, como os aparelhos de ar condicionado, as janelas e o abastecimento de água, para os quais é necessário um bom sistema de controlo e automatização da casa (Oberto, 2006).

Um exemplo claro seria o aquecimento que, em vez de o deixar ligado todo o dia, pode ser programado para um ciclo de tempo de minutos, para além de outra vantagem é a segurança que pode detetar qualquer intruso em sua casa que queira roubar ou uma fuga de gás ou uma fuga de água, tudo isto mais o conforto para fazer uma casa de alta qualidade e muito confortável. (Colina, 2019)

Um sistema inteligente torna muito fácil a utilização por muitas pessoas, bastando para isso um dispositivo a que hoje chamamos telemóveis que, ligado a uma rede de Internet sem fios, nos permite fazer muitos tipos diferentes de tarefas e, estando à distância, posso dar comandos a diferentes dispositivos, estamos a viver numa era tecnológica em que há elevados níveis de automatização (Peréz, 2010).

Existem muitas casas que têm muitas vantagens uma delas é a instalação de equipamentos electrónicos que lhe permitem automatizar toda a área da sua casa imagine fazer todas as tarefas da sua casa através de um telemóvel que através da famosa internet pode fazer todo o tipo de rotinas diárias.

No mundo em que vivemos, tecnologicamente falando, existem diferentes normas domóticas para fazer e conformar uma casa digital, existem diferentes tipos de normas que nos permitem modificar e fazer uma casa como quisermos, mas o problema é que se utilizarmos uma norma para uma única casa, esta tem de ser determinada para uma única casa, é obrigatório adquirir todos os dispositivos para uma única casa, o que significa que cada casa tem de ser compatível de acordo com a sua estrutura. (Camps, 2006).

A domótica não afeta nada, mas sim ajuda todos os tipos de pessoas, desde crianças até idosos, pois está oferecendo um bom serviço de segurança, no qual podemos ver como é ótimo ver uma casa inteligente com todas as questões e medidas que podem nos ajudar em um futuro próximo de muita segurança e fazer uma casa de muita produtividade. (HOKENSON, 2015).

Muitas vezes o homem tentou viver num habitat confortável até ao início da domótica que modificou o seu ambiente físico e que pode variar muito mais no tempo e que isto evoluiu em tão pouco tempo onde já existem casas que estão cheias de muitos sensores e que podem fazer muitas coisas na casa mas usam os mesmos dispositivos e são muito flexíveis e adaptáveis (Andrade, 2001).

Existem desvantagens nas casas inteligentes, uma delas é que o investimento é muito caro e os preços são muito elevados para o utilizador, uma vez que são sistemas automatizados, e existe também a necessidade de manutenção destes equipamentos, que é muito complexa e dispendiosa, e outra desvantagem é a interferência dos dados e da velocidade da internet, dependendo de quantos pontos estão ligados, estes ligam-se sempre em anel (Maya, 2004).

Atualmente, existem muitos sistemas domóticos que estão integrados na informática e em muitas tecnologias da informação, nos quais esperamos uma casa com um bom conforto, segurança para a nossa família que esteja ativa para qualquer caso de emergência e, porque não, um bom ambiente em que a casa permita os seus melhores serviços com a ajuda da programação (Graziani, 2018).

Um aspeto muito importante hoje em dia é que as pessoas precisam de ser fiáveis e seguras no ambiente em que operam, quer seja em casa ou na empresa onde trabalham, e por esta razão foram implementados circuitos e sistemas para satisfazer as nossas necessidades, o que significa que o utilizador tem confiança nos circuitos electrónicos e se sente muito confortável. (GERMAN, 2006).

O conceito de automatismo existe como tal há muitos anos, desde que ocorreu a alguém ligar dois fios eléctricos aos ponteiros de um despertador, para que pouco depois, movidos pelos ponteiros, os fios fechassem um circuito constituído por uma bateria e uma lâmpada. Terá sido este o momento em que nasceu a ideia de cronometrar uma função eléctrica. Posteriormente, os sistemas foram-se aperfeiçoando, primitivos no início e muito mais sofisticados mais tarde, até chegar ao momento atual em que as indústrias baseiam fundamentalmente um grande número de fases de produção em diferentes tipos de elementos automáticos ou temporizados, desde o som da sirene à entrada dos trabalhadores ou de uma instituição de ensino, até ao pré-aquecimento dos fornos para que os diferentes trabalhadores, ao chegarem, encontrem os seus postos de trabalho em óptimas condições (Santiago, 2004).

Em França, que gosta muito de adaptar os seus próprios termos a novas disciplinas, foi cunhada a palavra "Domotique". De facto, em 1988, a enciclopédia Larousse definiu o termo domótica da seguinte forma: "conceito de casa que integra toda a automatização em termos de segurança, gestão de energia, comunicações, etc.". Por outras palavras, o objetivo é proporcionar ao utilizador da casa um maior conforto, segurança, poupança de energia e facilidades de comunicação. Uma definição mais técnica do conceito seria: "um conjunto de serviços habitacionais fornecidos por sistemas que desempenham várias funções, que podem ser ligados entre si e a redes de comunicação internas e externas. Isto resulta numa poupança significativa de energia, numa gestão técnica eficiente da habitação, numa boa comunicação com o mundo exterior e num elevado nível de segurança" (Alberto, 1999). (Alberto, 1999)

Objetivo geral:

Mostrar como a domótica tem sido actualizada desde os anos 70 e como tem evoluído ao longo do tempo e mostrar como é importante hoje em dia, uma vez que podemos fazer boas poupanças de energia apenas implementando estes circuitos electrónicos em casas e edifícios, para além de nos permitir ter uma boa segurança tanto para o utilizador como para a família apenas implementando câmaras de segurança e cercas eléctricas e porque não os famosos sensores de fuga de gás, fuga de água e expansores de água em caso de um surto de incêndio.

Desenvolver a implementação da domótica para ter um bom conforto das nossas áreas da casa como ar condicionado, aquecimento, iluminação e outros é muito importante para saber como agora as novas tecnologias evoluíram tanto que podemos fazer tudo com programação e dar ordens à nossa casa através de um telemóvel que está ligado a uma rede de internet sem fios, é ver a maravilha que podemos fazer agora neste século conhecido como mundo tecnológico.

Objectivos específicos:

•   Proporcionar uma boa segurança ao utilizador e fazer com que este se sinta muito confortável com a estrutura e o design de uma casa inteligente.

•   Fornecer orientações aos utilizadores sobre a domótica que nos possam ajudar nas diferentes áreas em que nos encontramos através da programação.

•   Reconhecer cada implementação dos circuitos electrónicos que são instalados numa casa para proporcionar um bom conforto e segurança externa e interna.

Quadro teórico Descrição do sistema

Existem diferentes e variados componentes que compõem a gestão técnica e os sistemas de domótica, tais como um controlo remoto para gerir a instalação e a central de controlo que gere todo o sistema numa instalação centralizada. Neste grande número de elementos que compõem uma instalação, começaremos por abordar os elementos muito característicos e de importância vital numa casa automatizada, que são os controladores, os sensores e os actuadores, e descreveremos cada um deles.

Um sistema automatizado é capaz de fazer qualquer atividade que nós queiramos ordenar, é capaz de satisfazer todas as nossas necessidades em nossa casa ou fora dela, é um facto real que hoje em d i a   vivemos em países europeus ou asiáticos que são os que mais dispõem desta tecnologia e que tem sido desenvolvida em todo o mundo para criar casas inteligentes que nos dão uma boa segurança e um ambiente agradável e é por isso que existem agora recursos para ter um bom ecossistema baseado na tecnologia.

• Drivers: Um driver é um dispositivo ou um controlador de dispositivo é um programa de computador que nos permite a interação entre um sistema operativo, neste caso o computador, e um periférico ou hardware que já seriam os componentes electrónicos, que pode ser esquematizado como um manual de instruções que diz ao sistema operativo como controlar e comunicar com um determinado dispositivo.

Atualmente, existem tantos tipos de controladores como tipos de periféricos, sendo muito comum encontrar mais do que um controlador possível para o mesmo dispositivo, mas a diferença é que cada controlador diferente oferece um nível diferente de funcionalidade.

Os controladores de dispositivos são programas adicionados ao kernel do sistema operativo, inicialmente concebidos para gerir periféricos e dispositivos especiais. Podem ser de dois tipos; orientados para caracteres ou orientados para blocos, constituem as conhecidas unidades de disco.

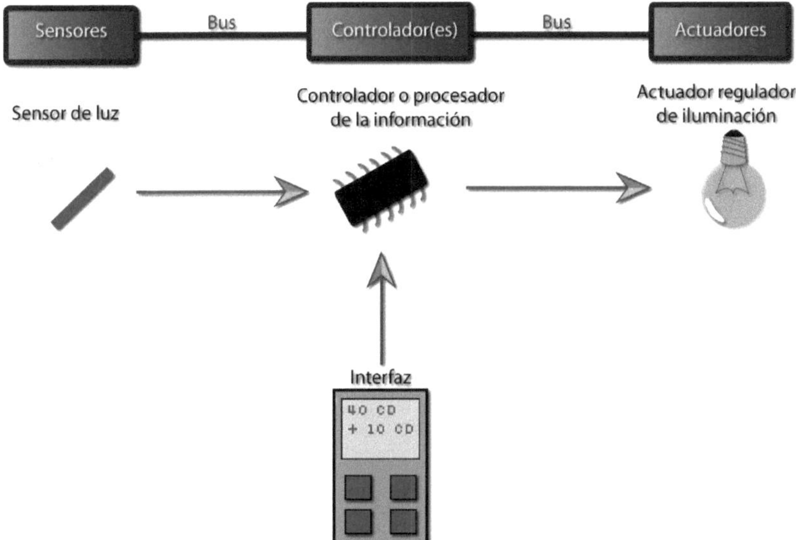

Com estes controladores de diferentes designs e utilizações, permite-nos ter uma vida diária mais viável enquanto vivemos, poupa-nos tempo para fazer algum tipo de atividade sem nos preocuparmos porque tudo está sob controlo.

- **Sensores:** Os sensores são, naturalmente, dispositivos utilizados no sistema para avaliar o estado de parâmetros como a temperatura ambiente, fugas de gás ou água, etc. Os sensores mais utilizados são os seguintes:

- O termóstato de ambiente, cuja função é registar uma temperatura adequada para o utilizador, no local onde este se encontra, também tem a ver com as alterações climáticas e com a possibilidade de modificar o ambiente de acordo com o sistema em caso de qualquer alteração.

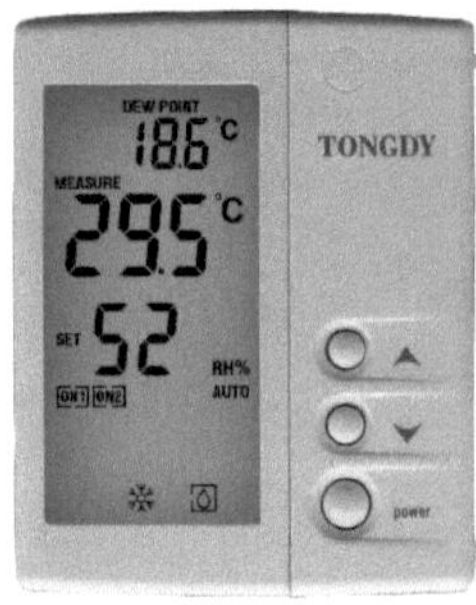

-        O sensor de temperatura interior cuja função principal é medir a temperatura no interior da casa.

-        Sondas de temperatura para a gestão do aquecimento, a função é gerir eficazmente o funcionamento de qualquer tipo de aquecimento elétrico, por exemplo, o caso das sondas limitadoras para o aquecimento do pavimento.

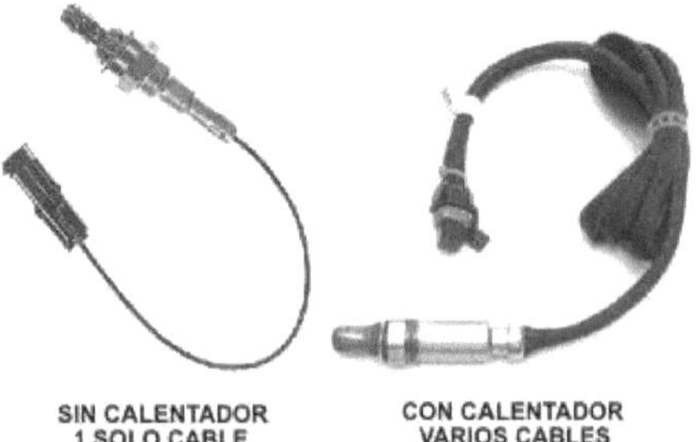

-        Detetor de fugas de gás, utilizado para inspecionar possíveis anomalias e fugas em instalações domésticas, tanto no interior como no exterior.

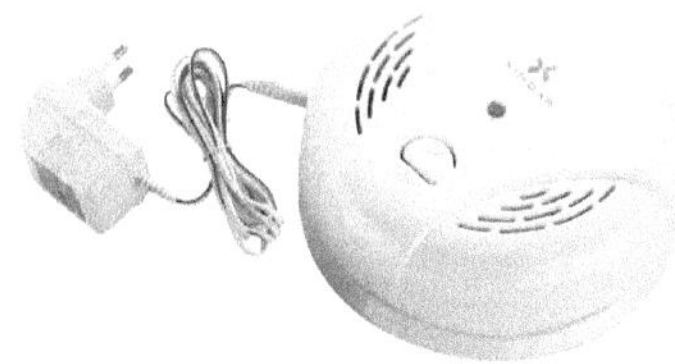

-        Sensor de presença, que tentará ver ou aperceber-se de movimentos estranhos na casa, por exemplo, intrusos ou pessoas que não estão autorizadas a aceder à casa.

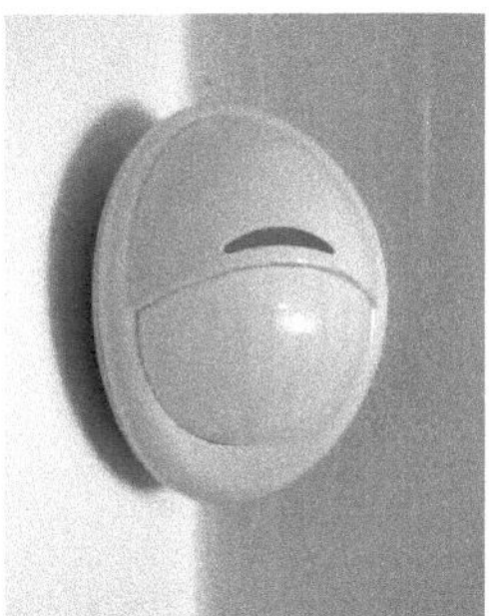

-        Detetor de fumo, este sensor foi concebido para nos avisar antecipadamente de possíveis incêndios que possam ocorrer e assim evitar um infortúnio.

-        Recetor de infravermelhos desempenha uma função muito importante numa casa inteligente e permite-nos dar ordens à distância através de uma ligação WI-FI e de um dispositivo móvel.

Que controlos nos permite fazer? Aqui entram os aparelhos eléctricos, como os aparelhos de ar condicionado,   aquecimento, estores   estores motorizados,   televisão,   rádios,   micro-ondas,

frigoríficos, ventiladores, etc., todos estes sabem pegar num comando para ligar ou desligar ou dar outras ordens, mas aqui na domótica podemos fazer tudo isso num único comando que não proporciona uma grande facilidade e ajuda porque já está registado no sistema dependendo d e como queremos as nossas configurações.

DOMOTICA WiFi – INFRARROJO

El AWIR-1515 está diseñado para controlar cualquier dispositivo electrónico con receptor infrarrojo de 38Khz. Posee una función de aprendizaje de comandos que luego serán enviados por usuario para controlar, por ejemplo su sistema de entretenimiento.

Con una capacidad de almacenar hasta 15 comandos IR, el usuario puede controlar con un mismo módulo WiFi uno o más dispositivos electrónicos.

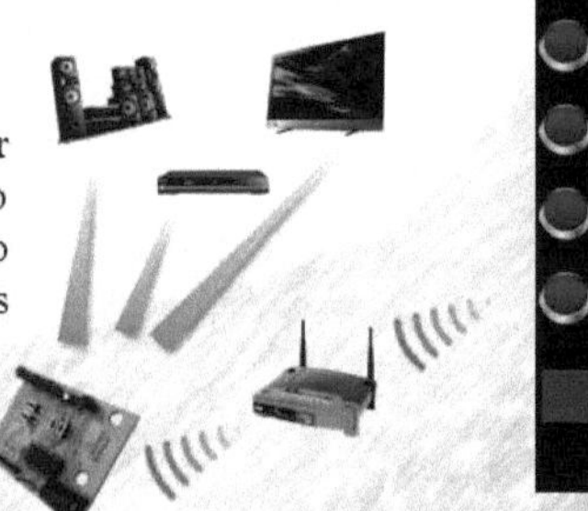

- Os actuadores mais utilizados são os seguintes

O que são actuadores?

Um atuador é um dispositivo capaz de transformar energia hidráulica, pneumática ou eléctrica na ativação de um processo, de modo a gerar um efeito num processo automatizado.

- Os relés de acionamento, normalmente montados em calha DIN, actuam sobre elementos que necessitam de ser accionados, tais como equipamentos de ar condicionado. ar condicionado ou um sistema de regio no jardim

Relés montados em calha DIN

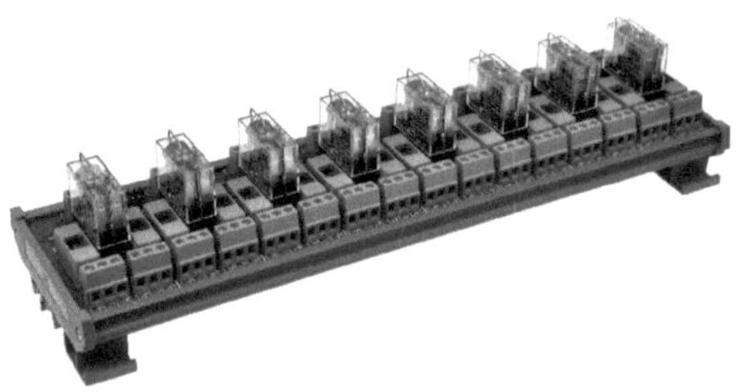

-       As electroválvulas de corte de fornecimento de gás ou água actuarão como requisito do sistema quando um sensor de humidade parar, bem como num detetor de fugas de gás, cortando imediatamente quando houver uma avaria na instalação.

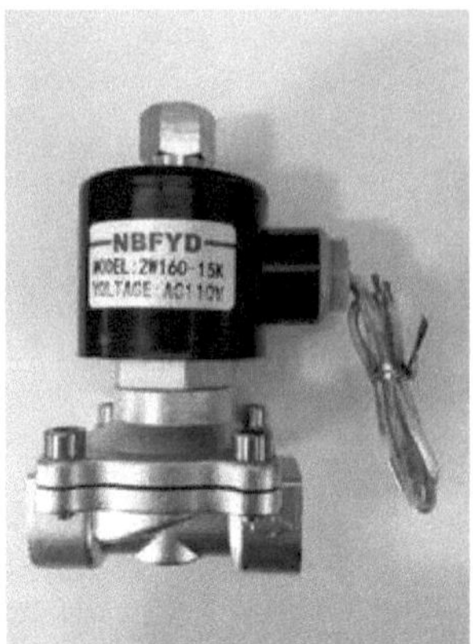

- Sirenes ou campainhas (buzzers) que serão activadas no caso de um alarme ser acionado pelo sistema e ser necessário sinalizar acústica e visualmente.

- A campainha é um mecanismo elétrico que emite um zumbido como aviso. Para a sua ligação é necessária uma cablagem eléctrica de dois fios que a liga a um botão elétrico.

- O nível sonoro pode atingir até 80 decibéis, consoante o modelo, o que os torna uma boa alternativa às campainhas em ambientes ruidosos.

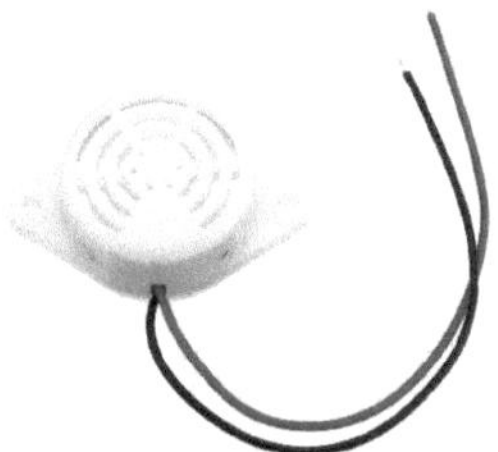

Diferenças entre Domótica e Inmótica

As diferenças entre a Domótica e a Inmótica são muito fáceis de reconhecer e baseiam-se principalmente na importância das estruturas. Enquanto a domótica diz respeito à instalação de sistemas inteligentes implementados em habitações comuns ou propriedades familiares que proporcionam conforto à família, a imótica refere-se ao mesmo procedimento, mas em estruturas maiores, como hotéis, edifícios de trabalho ou hospitais. No entanto, isso não significa que os produtos oferecidos em ambos os ramos não possam ser utilizados pelo outro. Por outras palavras, o que está presente num mega edifício pode também ser adaptado a uma casa de família, e vice-versa.

A estrutura de uma casa Domótica

A casa inteligente é uma das novas eras nestes séculos mas os benefícios de ter ou fazer uma destas casas é simples dá-lhe muitas vantagens como abrir janelas, portas ou lâmpada com o seu smartphone só por ter um telefone inteligente e internet pode fazer muitas actividades dentro ou fora da sua casa e mais em electrodomésticos e tem a facilidade de ter câmaras de segurança que enquanto está em diferentes lugares pode observar a sua casa, para além de um sistema de aquecimento ou de arrefecimento dependendo do clima é muito comum encontrar em qualquer casa um destes sistemas, como também pode automatizar a sua garagem, como funciona uma automatização de garagem?

Esta pode estar localizada junto à sua casa com um sistema de vigilância ou alarme, e como abrir uma porta de garagem muito fácil, através de um sistema automatizado com um controlo pode abri-la ou com um sistema que reconhece a matrícula do seu veículo e automaticamente esta se abrirá, é também muito importante a poupança de energia que podemos poupar num dia e como isto é possível, é muito fácil porque cada casa vem ou pode adaptar painéis solares que são de muitos benefícios que lhe dão estas casas tecnológicas.

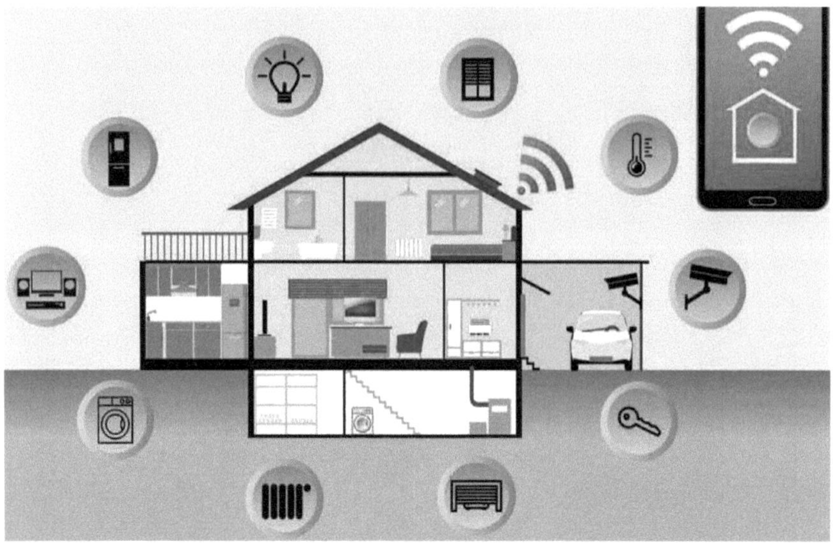

A estrutura de uma casa imótica

A automatização de edifícios é um sistema complexo de gestão integrada em grande escala, concebido para estruturas de grande dimensão, nomeadamente: centros comerciais, edifícios de escritórios, hotéis, centros de convenções, etc.

A automatização de edifícios pode contribuir até 40% para a poupança de energia num grande edifício. Pode ser utilizada para controlar sistemas de vigilância, elevadores, iluminação, sistemas de irrigação, aquecimento ou ar condicionado em pontos de controlo centralizados. Desta forma, a manutenção da estrutura e a respectiva utilização em cada uma das suas áreas é optimizada até à   perfeição, num edifício de grande dimensão.

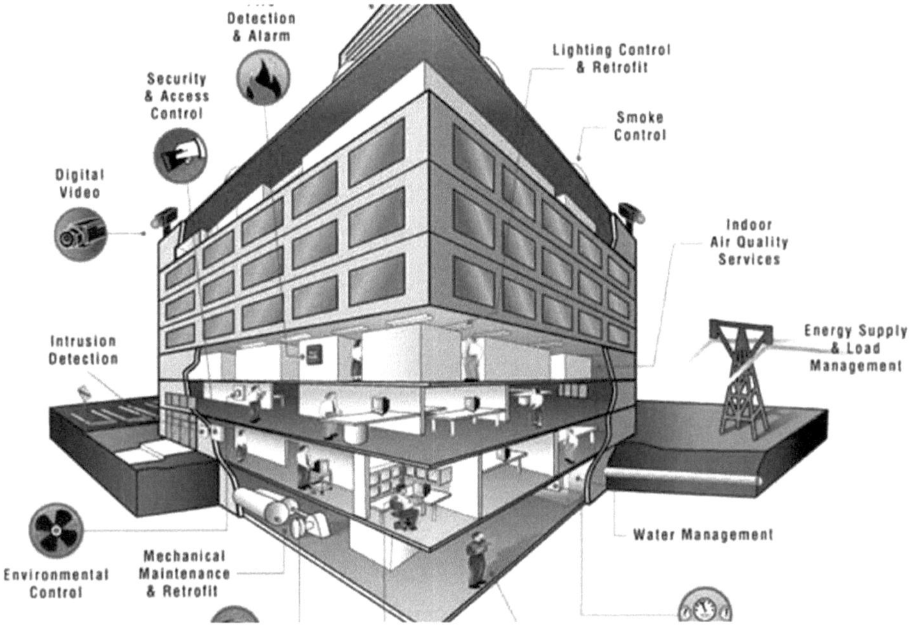

Vantagens e desvantagens da domótica Vantagens

As vantagens oferecidas por um sistema domótico são muito complexas, vamos descrever algumas delas:

- Proteção do lar e da família

Simulando a sua presença ou a da sua família quando não está presente, através de uma rede sem fios pode ver a sua casa ou dar comandos através de comandos para isso a casa deve ter principalmente sistemas de câmaras e alarmes, as câmaras para vigiar a casa à distância e os alarmes para o caso de emergências, por exemplo, um intruso, um acidente ou um incêndio.

- Adiciona valor à propriedade

Uma casa com sistemas domóticos beneficia muito hoje em dia o que está cotado no topo do mercado imobiliário e é também mais fácil vender uma destas casas porque já tem todos os confortos, incorpora características únicas e é uma mais-valia que lhe confere uma categoria superior e tem inegavelmente uma tendência para as novas exigências da habitação moderna.

- Qualidade de vida

19

Pense em todas as actividades rotineiras que fazemos todos os dias, incluindo entrar em casa, acender as lâmpadas do quarto, da casa de banho, da cave ou da sala de estar ou, por exemplo, ligar os electrodomésticos ou abrir as janelas. A domótica torna tudo isto mais confortável e agradável, pois à distância, com o seu dispositivo móvel ou um computador, pode fazer todas estas coisas sem se mexer.

- Poupança de energia

A inteligência da sua casa, para além de poupar energia, torna-a mais amiga do ambiente. Todos sabem que os painéis solares ou os vidros duplos poupam muita energia.

Também poupa energia porque este sistema utiliza sensores para monitorizar as luzes e os aparelhos eléctricos, desligando-os quando não são necessários, o que permite poupar até 50% da eletricidade de uma casa.

- Investimento e vida útil da habitação

Um dos aspectos mais preocupantes quando se investe em tecnologia hoje em dia é a sua vida útil e uma das vantagens dos sistemas domóticos é que a sua vida útil é extensa. É a nova era da habitação atual e um futuro com novos avanços tecnológicos.

Desvantagens

As desvantagens de um sistema domótico baseiam-se no facto de que, hoje em dia, a tecnologia e, em especial, a domótica, tem como objetivo facilitar a nossa vida, mas será que facilita sempre a vida? Estas são as desvantagens dos sistemas domóticos e vamos descrever algumas delas.

- Não ter instaladores autorizados

A domótica sendo algo muito novo em muitos países da América Latina, tem a desvantagem de quase não ter instaladores de domótica autorizados, estes simplesmente não existem porque as carreiras no país não existem ou são muito vagas, além disso não existem órgãos reguladores ou instituições para esta carreira, por isso só encontramos empresas dedicadas a este serviço e, portanto, com produtos muito caros e que geralmente não realizam manutenção, é necessário de vez em quando realizar a manutenção adequada aos dispositivos electrónicos para que a sua vida útil seja muito longa.

- Algum grau de complexidade

Por vezes os que andam indecisos neste mundo esquecem-se que todos estes produtos são para facilitar a vida das pessoas e não para a complicar mais, mas como alguns dirão "claro que é para isso", mas devemos perguntar-nos para quê tantas opções tem aquele ecrã tátil se a única coisa que quero fazer é acender a luz ou baixar a sua intensidade, então perguntamo-nos para quê tanto comando, ecrã tátil, iPad, entre outros para controlar algo que eu esperava que fosse automático ou pelo menos com menos opções de pesquisa sobre o que quero.

Vantagens e desvantagens da Inmotics

A imobilidade baseia-se numa estrutura de maior escala e é aqui que entram os hospitais, os centros comerciais, os hotéis, etc.

Para o proprietário de um edifício hoteleiro, pode oferecer um serviço mais atrativo, obtendo grandes reduções nos custos de energia e de funcionamento, bem como para os utilizadores do edifício, que beneficiam do maior conforto e segurança que tornam uma estrutura muito mais eficiente.

As vantagens de um sistema de controlo em edifícios e grandes instalações são numerosas e vamos descrever as mais importantes:

- Economias de energia de 40% a 50% numa base diária, os hotéis poupam toda a energia no ar condicionado e na iluminação.
- Poupança nos serviços de manutenção.
- Gestão do pessoal do edifício.
- Mostra as falhas na estrutura.
- Maior conforto e segurança para os utilizadores.
- Alarmes técnicos.
- Melhora a eficiência dos trabalhadores e dos edifícios.

Por outro lado, existem também muitas aplicações que um sistema imótico pode oferecer:

- Controlo da iluminação.
- Gestão do consumo.
- Sistemas de segurança.

- Supervisão do quadro de distribuição do sistema elétrico.

- Controlo de acesso.

- Supervisão do sistema de incêndio.

A implementação de um sistema de controlo num centro comercial tem 4 objectivos principais:

- O primeiro e mais importante objetivo é a segurança e o bem-estar dos utilizadores em caso de intrusos, inundações, terramotos ou fugas de gás.

- Como um segundo objetivo é a manutenção complexa do edifício, nestas implementações é que o sistema de controlo avisa tudo e monitoriza o sistema elétrico, o ventiloconventor (ar condicionado ou aquecimento) e o sistema de alarme, poupando assim dinheiro e ajudando o serviço de manutenção a estar sob controlo.

- A terceira é a poupança de energia, uma vez que o desperdício de energia eléctrica é muito comum neste tipo de estruturas de grande dimensão. Com uma boa gestão da iluminação e do ar condicionado, é possível poupar uma grande quantidade de energia, amortizando o investimento anual.

- O objetivo final é ajudar e proporcionar uma boa gestão do complexo e uma grande vantagem é a facilidade de gestão e a poupança de pessoal que um sistema de controlo pode proporcionar.

A vantagem de implementar um sistema de controlo e que a gestão cumpre num Spa ou Centro de Fitness são os seguintes parâmetros:

- Ar condicionado.

- Controlo da qualidade do ar.

- Temperatura da água.

- Iluminação.

- Controlos de acesso e faturação.

Tudo isto permite a criação da função que se vai dar a este tipo de locais.

As vantagens nas áreas educativas são muitos parâmetros fundamentais para garantir o bem-estar de alunos e professores e o correto funcionamento das salas de aula ou do estabelecimento de ensino:

- Ar condicionado.

- Iluminação.
- Quartos confortáveis com um ambiente agradável.
- Segurança.
- Sistemas de alarme.

Vantagens nos hotéis, uma das principais fontes de rendimento em todos os países e os seus proprietários investem nestes luxuosos automatismos para que o hóspede se sinta muito bem atendido e maravilhado com as boas funções que trazem e com o bom serviço que vamos nomear os seguintes pontos que um hotel traz no seu sistema de controlo:

- Quadros eléctricos.
- Controlo da iluminação.
- Alarmes no hotel.
- Medição do consumo.
- Controlo dos sistemas de ar condicionado e de ventilação.

Um sistema de controlo pode ser colocado nos quartos do hotel para permitir as seguintes actividades:

- Controlo de acesso.
- Sensor de presença.
- Controlo do sistema de televisão.
- Controlo da climatização.
- Controlo dos serviços (limpeza).

Desvantagens da Inmotics

As desvantagens são muito poucas e isso deve-se ao facto de este sistema não sofrer de muitas deficiências quando implementado, ser muito seguro e muito complexo e fácil de utilizar.

A principal desvantagem de um sistema inomático para o pessoal de qualquer sector produtivo: hotelaria, indústria ou comércio, é que a implementação destes sistemas automatizados reduziria inúmeros postos de trabalho.

O custo é outra desvantagem da automatização de um sistema de automatização de edifícios em grande escala. É necessário investir muito dinheiro na aquisição do edifício ou da empresa certa, mas, com o tempo, o dinheiro será recuperado.

As pessoas que não têm muitos conhecimentos sobre esta matéria podem, por vezes, afetar o sistema elétrico do edifício, pelo que deve ser uma pessoa com alguma formação sobre como utilizar os comandos e o que fazer em caso de avaria.

Topologia de sistemas

O termo topologia refere-se à forma como uma rede é concebida ao longo das linhas de ligação, quer fisicamente (com base em algumas características do seu hardware), quer logicamente (com base no seu software).

A topologia de uma rede é a representação da relação entre os dispositivos (normalmente designados por nós), e todas as ligações que os ligam entre si, os tipos de topologia dividem-se em:

- Topologia em estrela.
- Topologia em anel.
- Topologia de barramento.
- Topologia de malha.
- Topologia em árvore.
- Topologia mista.

Topologia em estrela

A Topologia em Estrela é uma rede que está diretamente ligada a um ponto central e todas as comunicações serão feitas através de um nó, os dispositivos não podem estar diretamente ligados uns aos outros, pelo que não é permitido muito tráfego de informação.

Característica

Tem um nó central ativo que normalmente tem os meios para evitar problemas relacionados com o eco e é utilizado para LANs.

Para que é que é utilizado?

É principalmente utilizada em LANs, também conhecidas pelo seu acrónimo como redes locais, que têm um router e um switch ou hub que seguem esta topologia.

Materiais da rede Star

-        Cabo UTP de categoria 5e ou 6e.

-        Conectores RJ45.

-        Caleira.

-        Interruptor.

-        Servidor.

-        Protocolos de comunicação.

-        Cabo UTP (um par entrançado).

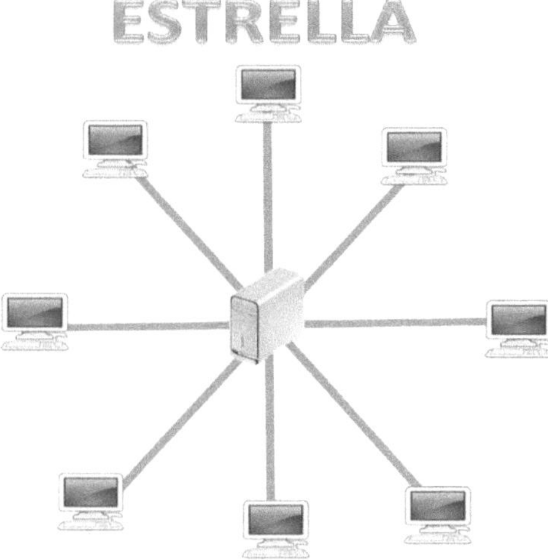

Topologia Anel

Uma rede em anel é uma rede em que cada estação tem uma única ligação de entrada e uma única ligação de saída. Cada estação tem um transmissor e um recetor que actua como um tradutor que passa para a estação seguinte.

Vantagens

-        O sistema proporciona acesso igual a todos os computadores.

-        Facilidade de fluxo de dados.

-        O desempenho não diminui quando muitas pessoas utilizam a mesma rede.

Desvantagens

-        Normalmente, o canal degrada-se à medida que a rede cresce.

-        Esta topologia é mais lenta do que as outras, porque a informação tem de passar por todas a s estações intermédias antes de chegar ao seu destino.

-        Dificuldade em diagnosticar e reparar problemas.

Características

-        O cabo forma um laço fechado que forma um anel.

-        Todos os computadores que fazem parte desta rede estão ligados em anel.

-        Normalmente, as redes em anel utilizam o modelo (Witness Pass) como método de acesso.

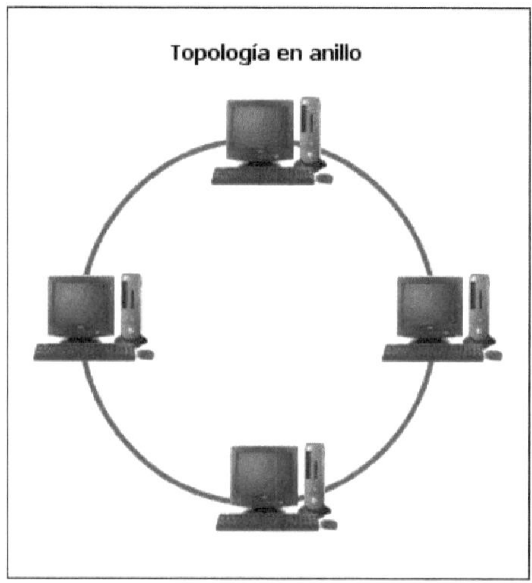

Topologia de barramento

Uma rede de barramento caracteriza-se por ter um único canal de comunicação, também designado por barramento, tronco ou espinha dorsal, ao qual estão ligados os diferentes dispositivos, ou seja, todos partilham o mesmo canal para uma boa comunicação.

Construção

As extremidades do cabo são terminadas com uma resistência de acoplamento chamada terminador, que não só indica que não há mais computadores na extremidade, mas também permite que o barramento seja fechado por meio de um acoplamento de impedância.

Vantagens

- Facilidade de implementação desta topologia.
- Simplicidade na arquitetura.
- É uma rede que poupa espaço.

Desvantagens

- Existem limites para o equipamento em função da qualidade do sinal.
- O desempenho diminui à medida que a rede cresce.
- Elevadas perdas de transmissão devido a colisões de dados.

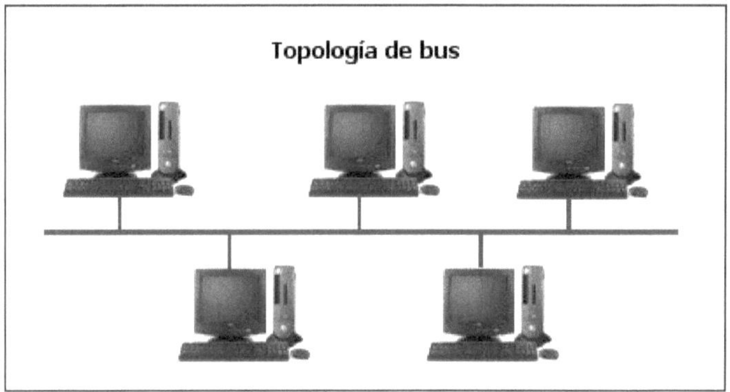

Topologia de malha

A topologia em malha é um tipo de rede que está interligada nos dispositivos e computadores da rede, facilitando assim a atribuição da maior parte das transmissões, mesmo quando uma ligação está em baixo, ou seja, é uma configuração de rede em que todos os nós cooperam entre si para receber e transmitir informação, esta topologia é mais utilizada em redes sem fios.

Características

Para determinar as rotas e garantir que podem ser utilizadas, a rede deve ser auto-configurável e estar sempre ligada.

Como há uma grande quantidade de dados de endereçamento físico (MAC) a circular na rede para estabelecer esta rota, a topologia Maya pode ser menos eficiente do que a rede em estrela.

Vantagens

\-   Resiliente a problemas, isto gera uma elevada redundância, que serve para manter a rede a funcionar mesmo quando se detectam problemas.

\-   Não há problemas de tráfego, uma vez que lida com grandes quantidades de informação e vários dispositivos podem ser ligados uns aos outros, sem colapsar a rede, e proporciona uma elevada segurança e privacidade.

\-   Fácil escalabilidade, o que significa que cada nó actua como um router, pelo que não são necessários routers adicionais e o tamanho da rede pode ser alterado fácil e rapidamente.

Desvantagens

\-   A configuração inicial é uma das principais desvantagens, uma vez que a sua implementação r e q u e r   muito tempo.

\-   Aumento da carga de trabalho, cada dispositivo tem muita responsabilidade, o dispositivo não só tem de servir de router, como também tem de enviar dados.

\-   A implementação de uma rede em grande escala é muito dispendiosa, pois requer um grande número de cabos e portas para a comunicação de entrada e saída.

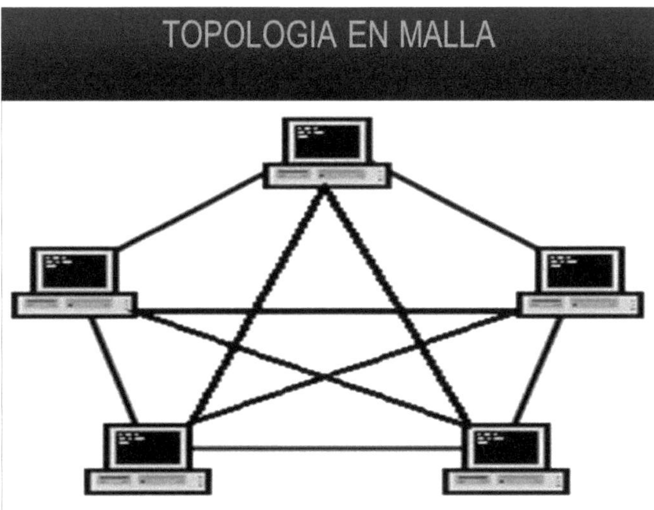

Topologia de árvore

A rede em árvore é a combinação entre a topologia em barramento e a topologia em estrela que proporciona mais servidores à rede, a que se chama uma topologia hierárquica, esta topologia só tem um nó central no qual os outros dispositivos são ligados para construir uma única hierarquia, e só se aplica esta topologia quando a rede é grande e não é recomendável usar esta topologia para uma rede pequena porque teria de usar mais cabos gerando um grande desperdício.

Características

-        Numa ligação ponto-a-ponto, cada computador tem uma ligação direta a um hub e também cada parte da rede está ligada a um cabo principal.

-        Tem uma relação hierárquica mais alargada do que as outras topologias e tem um mínimo de 3 níveis, o que ajuda a distribuir uma grande quantidade de informação pela rede.

-        A utilização da topologia em árvore é principalmente utilizada numa rede que cobre uma vasta área, sendo muito viável se as estações de trabalho estiverem localizadas em diferentes clusters.

Vantagens

-        Esta topologia reduz o tráfego na rede.

-        É altamente compatível com uma variedade de sistemas, tanto a nível de hardware como de software.

-        Os dispositivos ligados noutra hierarquia de rede não são afectados se algum dos dispositivos de um dos ramos da rede for danificado.

-        A deteção de erros é muito fácil de encontrar e pode ser corrigida num instante pelo administrador da rede.

-        O acesso aos computadores, devido à topologia em árvore, é para uma rede muito grande e qualquer computador poderá ter melhor acesso a qualquer dispositivo na rede.

Desvantagens

-        É necessária uma grande quantidade de cabos em comparação com a topologia em barramento e em estrela.

-        A implementação de uma rede deste tipo é muito dispendiosa.

-        À medida que a rede cresce, são adicionados mais nós, tornando a manutenção mais difícil.

-        O ponto único de falha, se o cabo da espinha dorsal de toda a rede estiver avariado, ambas as partes da rede não poderão comunicar entre si.

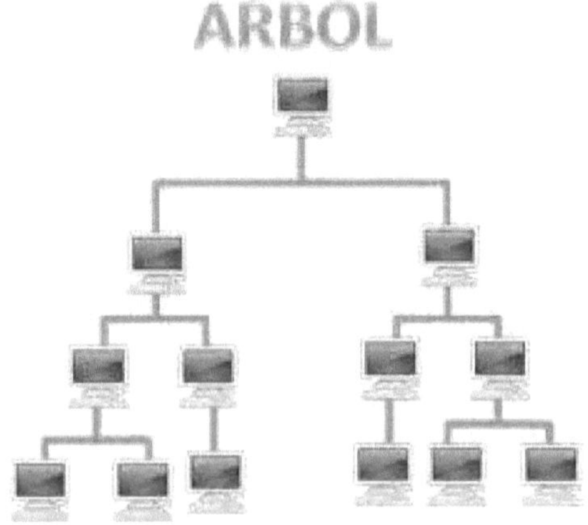

Topologia mista

Este tipo de topologia de rede é uma topologia que utiliza duas ou mais topologias de rede diferentes, como uma combinação de topologia em barramento, topologia em malha, topologia em anel e topologia em estrela.

A topologia determina a forma como uma rede será construída, contém o desenho da configuração com a ligação e os nós a relacionar entre si, isto para que a rede tenha um bom desempenho e se organize da melhor forma tendo em conta a dimensão da instalação e o dinheiro disponível.

Características

É uma topologia escalável que pode ser facilmente expandida e é muito fiável, mas ao mesmo tempo é uma topologia muito cara.

Uma topologia mista ocorre apenas quando duas ou mais topologias são unidas, por exemplo, se uma topologia em estrela for ligada como outra topologia, isso torna a rede mais rápida e mais produtiva.

As topologias mistas existem sobretudo em empresas ou edifícios de topo de gama, onde cada área tem a sua própria tecnologia de rede.

Vantagens

- Esta topologia é muito flexível, fiável e tem maior tolerância a falhas.
- É capaz de utilizar os aspectos mais fortes de outras redes.
- Fáceis na resolução de problemas, são muito fáceis de diagnosticar e corrigir, porque os pontos de ligação nos hubs de rede estão muito próximos uns dos outros em comparação com o tamanho total d a rede.
- Fácil crescimento da rede, escalável, uma vez que outros computadores com diferentes topologias podem ser ligados a redes existentes e de construção modular, permitindo uma fácil integração de novos componentes de hardware, como pontos de ligação adicionais.

Desvantagens

-       A instalação é difícil e a conceção é complexa, pelo que a manutenção é elevada e muito dispendiosa.

-       Ao implementar uma topologia mista, o custo monetário deve ser considerado, incluindo a necessidade de equipamento topo de gama.

-       São necessárias muitas c a b l a g e n s , pelo que é necessária muita redundância nas cablagens e anéis de reserva para garantir os padrões de fiabilidade da rede.

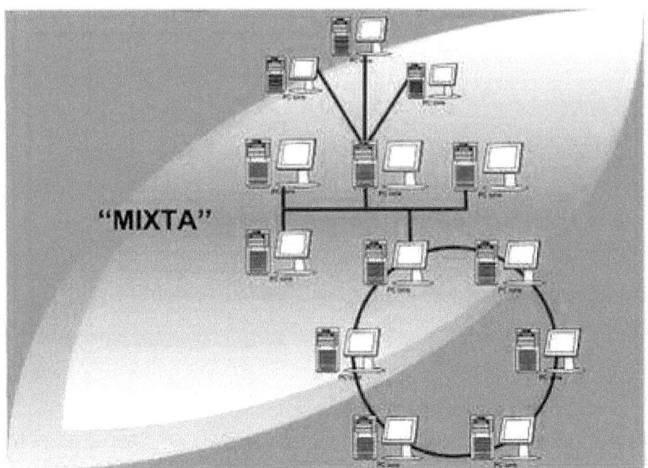

Aplicações em linha utilizadas para automatizar uma casa

Uma casa automatizada exige que tudo esteja sob controlo, de facto, é a principal razão para as casas inteligentes e pode ser feito a partir do sistema de domótica ou do nosso dispositivo móvel e é uma grande vantagem dos telemóveis inteligentes que os levamos para todo o lado e todos nós temos um.

"Eugene Polley inventou o primeiro controlo remoto para a televisão em 1955".

Outro ponto importante é que, no continente europeu, existem mercados muito importantes através da Internet para instalar aplicações de Domótica no nosso IPad ou IPhone que custam cerca de

40,00 euros, mas oferece-nos possibilidades quase infinitas de fazer a partir do nosso telemóvel.

Há programas que até podem ser obtidos gratuitamente, só temos de saber qual é o melhor para o nosso conforto e quais estão mais relacionados com o nosso ambiente e a nossa casa, vamos indicar 3 aplicações totalmente gratuitas.

WINK: Esta é uma aplicação com a qual pode controlar até 100 dispositivos sem que o seu sistema entre em colapso e inclui também um alarme para catástrofes domésticas, como as temidas fugas de água.

Imperihome: Segundo os especialistas, esta é uma das aplicações mais descarregadas para automatizar uma casa, até há pouco tempo só os utilizadores de Android (telemóveis) podiam utilizá-la e agora pode ser descarregada para IOS (computadores).

Presença: Esta aplicação foi o inverso da anterior, na medida em que só pode ser utilizada através de computadores portáteis, mas o ponto forte da aplicação é que o controlo da casa através de sistemas de câmaras de segurança é um ponto forte que a torna muito interessante.

Meios de transmissão

Os meios de transmissão de informação, interligação e controlo, entre os diferentes dispositivos dos sistemas de domótica podem ser de vários tipos. Os principais meios de transmissão são:

- Cablagem Proprietária - A cablagem proprietária é o meio de transmissão mais comum para sistemas de domótica, principalmente do tipo par blindado, par trançado (1 a 4 pares), coaxial ou fibra ótica.
- Cablagem partilhada - Várias soluções utilizam cabos partilhados e/ou redes existentes para a transmissão das suas informações, por exemplo, a rede eléctrica (correntes portadoras), a rede telefónica ou a rede de dados.
- Sem fios - Muitos sistemas de domótica utilizam soluções de transmissão sem fios entre dispositivos, principalmente tecnologias de radiofrequência ou de infravermelhos.

Quando o meio de transmissão é utilizado para transmitir informações entre dispositivos com a função de "controlador", é também designado por "bus". O barramento é também frequentemente utilizado para alimentar os dispositivos a ele ligados (por exemplo, o European Instalation Bus - EIB).

Materiais e métodos

O trabalho de investigação começou a ser realizado em 5 de novembro de 2019 e foi concluído em 08 de março de 2020, cujo projeto foi investigado no Instituto Superior Tecnológico Portoviejo, bem como em áreas que implementaram esses circuitos eletrônicos, como: Os edifícios do estado, hospitais, edifícios do comité de emergências a Nível Nacional aqui entra; os Bombeiros, o ECU 911, Polícia Nacional, etc.

Os materiais baseiam-se no Arduino, um microcontrolador que tem sido utilizado em diferentes casas para automatizar e controlar sensores, luzes, portas, janelas e salas automatizadas.

Foi também desenvolvido um inquérito, tanto à população como aos estudantes universitários, para saber qual a importância da domótica, tanto na cidade como a nível nacional, e como nos pode ajudar ou que segurança nos pode dar a implementação de circuitos electrónicos nas nossas casas ou edifícios, É muito claro que a domótica vai mais além de uma casa inteligente porque facilita diferentes actividades enquanto não estamos dentro dela, cada pessoa que preencheu este inquérito gostou da ideia de implementar sensores, câmaras de segurança e luzes que com um único movimento se acendem, este inquérito foi realizado para ver as perspectivas que as pessoas têm quando ouvem falar de um sistema de domótica.

DIAGNÓSTICO

A pesquisa de campo baseia-se em inquéritos realizados na cidade de Portoviejo com o objetivo de recolher informação para analisar a forma e o sector em que a domótica pode ser implementada. Para o tratamento da informação, foi realizada uma análise lógico-qualitativa, uma vez que esta é utilizada para expor os pontos mais relevantes d a pesquisa e também para realizar uma análise lógico-quantitativa, uma vez que os métodos estatísticos como tabelas e gráficos facilitarão a avaliação das variáveis e a sua posterior análise de acordo com os resultados obtidos.

Este inquérito reflectiu as ideias de como os utilizadores planeiam ter uma casa totalmente automatizada e, em breve, mostraremos os resultados de cada pergunta feita no inquérito.

Resultados

Encomendar	Alternativa	Frequência	Percentagem
A	Sempre		50,00
B	Por vezes	10	25,00
C	Raramente	5	12,50
D	Nunca	5	12,50
Total		40	100

Tabela 1; Já visitou uma casa domótica?
Fonte: Universidade Técnica de Manabí

Uma casa inteligente causa nas pessoas um grande impacto no que é uma boa automação e também como proteção para com a pessoa no que reflete a tabela 1, a maioria das pessoas pesquisadas já viram ou visitaram uma casa ou prédio de forma inteligente ou seja uma forma muito eficaz que isso evolua muito mais no futuro no que cria uma grande impressão nos outros, vale ressaltar que essas implementações servem muito em qualquer casa que sejam bem estruturadas desde que haja um bom conforto e eficiência para o usuário para proteção em qualquer emergência.

Encomendar	Alternativa	Frequência	Percentagem
A	Todos	10	25,00
B	Alguns		50,00
C	Nenhum	10	25,00
Total		40	100

Quadro 2: Todos os edifícios que visitou ou conhece dispõem de boas instalações de estacionamento?
Fonte: Universidade Técnica de Manabí

Em todas as casas inteligentes deve haver um bom parque de estacionamento para ter mais espaço e conformidade como uma boa sinalização em caso de emergência, os resultados reflectidos na tabela 2 é que as pessoas que realizaram o inquérito muitas pessoas deram opiniões de que seria muito útil ter um bom parque que é programado com o objetivo de que o usuário apenas chegar em casa o parque de estacionamento está abrindo o que vai economizar tempo e ter uma boa segurança, como há poucos que têm um sistema como este.

Encomendar	Alternativa	Frequência	Percentagem
A	Um lote	30	75,00
B	Pouco	5	12,50
C	Nada	5	12,50
Total		40	100

Tabela 3; Concorda com a implementação de circuitos electrónicos nas casas?

Fonte: Universidade Técnica de Manabí

Uma implementação de circuitos electrónicos numa casa é uma opção muito boa, uma vez que nos facilita muito, sendo um pc ou um telemóvel inteligente que nos permite fazer muitas actividades domésticas, na tabela 3 reflecte que muitas pessoas concordam com esta grande implementação que nos dá facilidade a diferentes tipos de actividades numa casa ou edifício inteligente que, através disto, nos dá segurança, conforto e poupança de energia.

Encomendar	Alternativa	Frequência	Percentagem
A	Um lote		32.5
B	Pouco		50,00
C	Nada		17,50
Total		40	100

Quadro 4; Está muito interessado nas questões de um edifício inteligente na cidade?
Fonte: Universidade Técnica de Manabí

Os edifícios inteligentes são muito importantes porque são concebidos e estruturados de uma forma muito segura em todos os tipos de emergências, são sensoriados quer nas suas portas, corredores, e em diferentes áreas contra incêndios, terramotos e roubos, na tabela 5 as pessoas que realizaram o inquérito disseram que é bom implementar estes circuitos em todos os edifícios e não apenas no governo, este sistema automatizado ajudará a proteger a pessoa de qualquer perigo, é importante o bem-estar de um com uma boa conformidade e que o utilizador se relacione com as coisas electrónicas que é inovador em todo o mundo.

Encomendar	Alternativa	Frequência	Percentagem
A	Um lote		50,00
B	Pouco		32,50
C	Nada		17,50
Total		40	100

Quadro 5; Existem muitos edifícios ou casas inteligentes na sua cidade?
Fonte: Universidade Técnica de Manabí

Os edifícios ou casas domóticas têm sido de grande utilidade em que o utilizador se pode aperceber que a tecnologia avança de dia para dia com a ajuda de um circuito eletrónico pode-se ver mais além o que se pode realizar no quadro 6 pois os resultados não dão para ver que há variedades de casas que utilizam pelo menos 3 ou 4 circuitos de forma inteligente já se utiliza uma câmara de segurança ou uma cerca eléctrica ou porque não uma garagem eletrónica já é uma casa de forma inteligente.

Encomendar	Alternativa	Frequência	Percentagem
A	Sempre		30,00
B	Por vezes	8	20,00
C	Raramente		22,50
D	Nunca		27,50
Total		40	100

Quadro 6; Já viu estas características em casas com sensores e câmaras?
Fonte: Universidade Técnica de Manabí

Em certas casas e edifícios não existem estes sistemas de sensores mas na maioria existem estes sistemas que proporcionam segurança e conformidade ao utilizador nessa forma de segurança porque ao implementar estas câmaras são activadas com um alarme e tudo o que ponha o utilizador em risco por um telemóvel pode activá-lo e o que é sensor quer ter uma porta que com o movimento de uma pessoa se abre e porque não as janelas que tem o seu estore elétrico, na tabela 7 muitas pessoas viram como outras não, edifícios ou casas com estas características, mas se deram muitas opiniões de que é bom implementar isto em toda a casa.

Encomendar	Alternativa	Frequência	Percentagem
A	Excelente		70,00
B	Muito bom	10	25,00
C	Bom	1	2,50
D	Regular	1	2,50
E	Deficiente	0	0,00
Total		40	100

Quadro 7Concorda com esta implementação na sua cidade para proporcionar uma boa segurança?
Fonte: Universidade Técnica de Manabí

Esta implementação sobre o tema da Domótica é um fator muito amplo, mas de elevada eficiência e acima de tudo de muito pouca procura já que em certas cidades não há muito conhecimento sobre isto, mas é bom que as pessoas saibam disto, a tabela 7 a maioria das pessoas concordou com isto para ter uma cidade segura e de uma forma inteligente que nos permite fazer muitas actividades de rotinas diárias enquanto temos uma cidade segura.

A tabela 8 reflecte como resultados que a maioria gostaria de ter uma casa inteligente devido à sua segurança, conformidade, poupança de energia e porque está ligada a redes sem fios.

Encomendar	Alternativa	Frequência	Percentagem
A	Excelente	30	75,00%
B	Muito bom		15,00%
C	Bom		7,50%
D	Regular	1	2,50%
E	Deficiente	0	0,00%
Total	40	100	

Quadro 8; Como seria se tivesse uma casa inteligente?
Fonte: Universidade Técnica de Manabí

O inquérito para muitas pessoas considerou muito interessante que as pessoas implementem circuitos electrónicos nas estruturas, sejam elas casas ou edifícios inteligentes, uma vez que isto tem evoluído de uma forma tão inteligente que mesmo nas casas não podemos ver muitos dispositivos electrónicos, mas a maioria implementa-os, não completamente, mas pouco a pouco, devido ao facto de ser muito dispendioso.

Discussão

Uma das vantagens das casas inteligentes é que oferecem um bom conforto e têm sistemas muito seguros, mas uma das desvantagens é que são muito caras para ter uma implementação completa na casa, uma vez que existem muitos sistemas programados e requerem uma boa Internet e componentes que são caros e deve ser tido em conta que existem diferentes tipos de circuitos.

O novo conhecimento do projeto é que existem partes em que a domótica está integrada em circuitos de outros níveis que são mais extensos e isto por vezes falhar são muito complicados de reparar nos resultados enfatiza que é de grande ajuda uma casa domótica em todas as áreas a única coisa má seria o preço para adquirir e fazer uma destas, mas para lhe oferecer os melhores serviços que uma casa lhe pode oferecer.

Conclusões

É necessário implementar circuitos electrónicos em casas e edifícios, uma vez que estes são agora automatizados e programados para o utilizador que se sente seguro para viver, porque está rodeado por inúmeros sensores, tais como sensores de movimento, lâmpadas, portas e aparelhos de ar condicionado que estão programados para um determinado limite de tempo para arrefecer, portas e nos aparelhos de ar condicionado que estão programados para um determinado limite de tempo para fazer um arrefecimento é necessário que os utilizadores estejam conscientes da boa segurança que nos pode ajudar em diferentes áreas enquanto se está fora de casa através de um telemóvel pode observar o que se passa dentro de casa é necessário reconhecer que todos estes circuitos funcionam ligados numa rede sem fios e vêm programados por um período de tempo. programados por um período de tempo são muito eficazes porque tudo isto implementado nas casas oferecem uma boa poupança de energia em que facilitamos muito os custos e uma casa é composta por uma boa estrutura anti-sísmica e em qualquer caso de emergência de qualquer fuga de gás estes sensores vão detectá-la e ter a sua função e também à noite todas as portas são activadas fechaduras e mesmo com reconhecimento de voz pode-se dar um sinal.

Bibliografias

AlLTROCK, J. A. (2009-2010). Domótica e Inmótica. Recuperado de Domotics and Inmotics: http://www.nebrija.es/~jmaestro/ATA018/Domotica.pdf

Andrade, M. (2001). Departamento de Tecnologia da Construção. Madrid. Simulação automatizada de iluminação arquitetónica em fachadas. Faculdade de Arquitetura e Design. Universidade de Zulia.

Bolton, W., & Ramirez, F. J. R. (2001). *Engenharia de controlo* (pp. 1-3). México: Alfaomega.

Camps, R. D., Yagüe, J. L. P., Luján, J. L. P., Blasco, P. P., & Escribá, J. C. C. (2006). Arquitetura SCHome: Acesso remoto à casa digital. *Actas das XXVII Jornadas de Automática (JA2006)*, 348-354.

Clara (2005) LSB Tecnologia Inteligente. Recuperado em 04 de outubro de 2016, de X1O System How It Works: http://www.lsb.es/imagenes/x10_introduccion.pdf

Colina Mendoza & Cristóbal Romero Morales, F. J. (2007). Domótica e Inmótica. Casas e edifícios inteligentes. 2 Edición. México: Alfaomega Grupo Editor. Cubero, A. C. (09 2008). Biblioteca da Universidade de Sevilha. Recuperado de Biblioteca Universidad de Sevilla

Echeverría, J. (1995). *Cosmopolitas domésticos*. Barcelona: Anagrama. Heidelberg, pp. 227-246.

Éneo Ramírez. (2007). Edifício Mushuc Runa para novembro na cidade de Quito. La Hora. Recuperado de http://www.lahora.com.ec/index.php/noticias/show/601253/-

Graziani G, 2018, Descrição do protótipo de uma habitação bioclimática com abordagens domóticas aplicando VRML, Vol. 1 pp 2-3.

Lasserna (2014). SENSOR NETWORK. 2003, do site ARCHITECTURES PROTOCOLS: https://bibdigital.epn.edu.ec/bitstream/15000/938/1/CD-1838%282009-01-21-12-25-09%29.pdf

Luis Hokenson Álvarez, A. M. (16 de junho de 2007). UNIVERDSIDAD DE OVIEDO. Recuperado de REPOSITORIO UNIVERDSIDAD DE OVIEDO.

Maya, 2004 Karimanal, A. E. (02 2012). Revista Espanhola de Eletrónica. Retrieved from Revista Española de Eletrónica: http://www.redeweb.com/_txt/687/p56.pdf Kemisa. (n.d.). kemisa. Retrieved October 03, 2017, from kemisa: http://www.kemisa.es/es/circuitos-paraordenador/42-encendidoautomatico-del-pc.html.

Millan & Carlos (2016). APRENDER RAPIDAMENTE A PROGRAMAR. 2006, de
DOMÓTICA, Vol.
1 pp 3-4.

Morales Edison, F., González, V. M., Poo, R., García, M., & Olaiz, R. (2010). Conceção e
desenvolvimento de uma casa automática de pequena escala para o ensino da domótica. Actas da
Conferência Fronteiras na Educação, 2010. Washington, DC, EUA: IEEE Computer Society, pp
T3c-1-5.

Moreno Gil, J., Lasso Tarraga, D., & Rodríguez Dieguez, E. (2017). *Instalações automatizadas
em residências e edifícios* (1ª ed.). Madrid: Paraninfo Cengage Learning.

Oberto Palacios & Manuel Cabello, M. S. (2016). Circuitos eléctricos básicos II (Instalações
eléctricas interiores). Editex.

Pérez David. Domótica Viva (08 de novembro de 2012). Domótica Viva. Retrieved from
Domótica Viva: http://www.domoticaviva.com/X-10/X-10.htm Flores, J. A. (março de 2007).
Repositorio Escuela Politécnica Nacional. Retirado de Repositorio Escuela Politécnica Nacional:
http://bibdigital.epn.edu.ec/bitstream/15000/391/1/CD-0798.pdf

Quintero González, J. M., Lamas Graziani, J., & Sandoval Gonzáles, J. D. (1999). *Sistemas de
controlo para casas e edifícios: domótica.*

Rybczynski, W. (2008). *Instalações automatizadas em casas e edifícios* (2.ª ed.). Buenos Aires:
Emece Editores.

Sakkas (22 de maio de 2018). Edifícios inteligentes tomam conta de Quito. La Hora. Recuperado
de http://www.lahora.com.ec/index.php/noticias/show/1038174/1/Edificios_inteligentes_se_toman_
Quito.html#.VDtOT_l5N7k LSB. (n.d.).

VILLALBA MADRID ALEMÃO (2006) INTRODUÇÃO À DOMÓTICA. EDIFÍCIOS INTELIGENTES

http://www.cib.espol.edu.ec/Digipath/D_Tesis_PDF/D-35310.pdf

FERNANDEZ Valentín, El Hogar Digital Creaciones Copyright, 2005 PEREZ Alberto,

Introducción a la Domótica, Prentice May, 1999.

Ensaios no Reino Unido (2019). Topologia de árvore: vantagens e desvantagens. Recuperado de: ukessays.com.

Studytonight (2019). Tipos de topologia de rede. Recuperado de: studytonight.com.

Junaid Rehman (2019). O que é topologia de árvore com exemplo. Lançamento de TI. Recuperado de: itrelease.com.

http://www.cib.espol.edu.ec/Digipath/D_Tesis_PDF/D-35310.pdf

I want morebooks!

Buy your books fast and straightforward online - at one of world's fastest growing online book stores! Environmentally sound due to Print-on-Demand technologies.

Buy your books online at
www.morebooks.shop

Compre os seus livros mais rápido e diretamente na internet, em uma das livrarias on-line com o maior crescimento no mundo! Produção que protege o meio ambiente através das tecnologias de impressão sob demanda.

Compre os seus livros on-line em
www.morebooks.shop

Printed by Books on Demand GmbH, Norderstedt / Germany